SOCIÉTÉ PROTECTRICE DES ANIMAUX, A LYON

COMMUNICATION

SUR

LA RAGE

FAITE AU

CONGRÈS INTERNATIONAL DE PARIS

(JUILLET 1878)

PAR

LE Dr FÉLIX BRON

Médecin à l'Hospice des Vieillards
Professeur libre à la Faculté de Médecine
Ancien Président de la Société des Sciences médicales
Membre de la Société nationale de Médecine
de Lyon,
Membre du Conseil d'administration de la Société Protectrice
des Animaux.

LYON

IMPRIMERIE DU SALUT PUBLIC
Bellon, rue de Lyon, 33

1878

LA RAGE

QUESTION POSÉE DANS LE PROGRAMME

Etat de la science actuelle sur la Rage. — Caractère. — Transmission. — Prophylaxie.

La question de la rage est une de celles qui passionnent le plus les pathologistes, car c'est une maladie qui nous menace sans cesse; et la constater sur un sujet, équivaut à prononcer contre lui un arrêt de mort.

Je vais donc, tout d'abord, entrer dans quelques détails techniques et relever, chemin faisant, des préjugés d'autant plus dangereux, qu'ils donnent une sécurité trompeuse en masquant la vérité.

Dans le début, les signes de la maladie se confondent souvent avec une surexcitation naturelle et échappent facilement à l'observation ; aussi, avant tout symptôme qui la caractérise, devons-nous tenir compte des moindres changements dans les habitudes de l'animal.

Je n'ai pas à entrer dans les considérations, sans valeur, qui font naître la rage de la frayeur ou des troubles nerveux que la peur provoque.

Je sais qu'une imagination frappée produit une grande perturbation dans l'économie ; mais quels que soient les désordres qui surviennent, la rage n'en peut résulter.

La rage est une maladie virulente qui s'inocule avec la dent du chien, exactement comme le vaccin avec la lancette du chirurgien.

Elle est spontanée dans la race canine et féline ; mais celles-ci, douées de moyens faciles d'inoculation, multiplient entre elles le mal et le communiquent aux autres espèces animales qui, sauf le porc, sont presque toutes susceptibles de la prendre.

Ni le froid, ni le chaud, ni la faim, ni la soif ne donnent la rage. C'est une maladie qui ne dérive d'aucune autre : elle est *elle*.

Il faut remarquer, toutefois, que si elle a à survenir spontanément chez les chiens, c'est surtout chez ceux qui sont malingres, mal soignés et mal nourris qu'on l'observe de préférence à ceux qui ont une existence facile ; — exactement comme les maladies en général et surtout les maladies épidémiques, qui atteignent les classes nécessiteuses de la société et épargnent les classes aisées.

Mais c'est par l'inoculation qu'elle se transmet le plus souvent, et c'est ce mode de transmission qui doit nous préoccuper surtout, car c'est la morsure, dans la presque totalité des cas, qui a ouvert la porte à la maladie.

La salive qu'elle dépose dans la plaie est le liquide infectant. La science, jusqu'à présent, n'a pas démontré qu'une inoculation faite avec du sang ou tout autre liquide de l'économie ait produit des résultats. Et, si nous en croyons M. Bourrel, l'infection cesserait, — même avec la salive, — après la mort de l'animal, quand il est refroidi.

L'inoculation est une des conditions

qui semble indispensable pour la transmission du mal, et nous ne devons ajouter, pour cette raison, qu'une médiocre confiance aux faits, peu concluants d'ailleurs, de rage communiquée par des embrassements ou des attouchements.

Les symptômes initiaux de la rage sont très-variables selon les sujets; aussi doit-on tenir comme *suspect tout chien chez qui on remarque un changement d'habitudes.*

Le plus habituellement, il est triste, inquiet; il se lève, il se couche sans s'arrêter à une place bonne. Il *chasse aux mouches*, c'est-à-dire qu'il happe en l'air sans motif. Sa bouche est béante et la langue repose, en le dépassant, sur le rebord des dents.

Il flaire le sol avec persistance; il lèche avec passion les urines ou la salive. Son goût est perverti : il mange des choses qui ne peuvent le nourrir, telles que du plâtre, de la paille, de l'herbe ou du linge.

Il est sournois et il a des allures singulières, semblables à celles d'un fou.

Les désirs génésiques, surexcités presque toujours, lui font bientôt quitter le domicile, et il va, sans but, errer au loin. Contre ses habitudes, il montre alors une grande disposition à mordre les hommes et les animaux qu'il rencontre.

Il hurle plutôt qu'il aboie. Sa voix est voilée. Il file le son ; mais, au lieu de le terminer en descendant, comme lorsqu'il aboie *à la lune* ou *à la mort*, il le termine en montant ; alors il va à la sixte, à la septième et quelquefois jusqu'à l'octave.

Une particularité du chien enragé, c'est de garder le silence s'il est battu, — contrairement aux autres, qui manifestent leur douleur ; — et aussi d'inspirer l'effroi à ses semblables, qui le fuient toujours à son approche.

Ce serait une erreur grave de croire que toujours il bondit, qu'il aboie, qu'il cherche à mordre et qu'il refuse de boire ; car souvent il ne dit rien ; il est quelquefois plus affectueux ; et, dans bien des cas, il boit comme d'habitude.

Nous ne saurions trop nous appesantir sur ce dernier point, qui est le *criterium* des gens du monde. Chez l'homme atteint de rage, il y a toujours un sentiment de strangulation à l'approche des liquides. Ce sentiment peut exister chez le chien ; mais il n'est ni constant, ni indispensable pour caractériser la maladie.

La rage et l'hydrophobie sont deux choses bien distinctes.

La passionnelle, — pour me servir d'une expression de Toussenel, — se montre chez tous ces malades, et domine l'ensemble des symptômes. Chaque sujet est affecté à sa façon et le manifeste de même. C'est pour cela qu'on voit des chiens d'allures si différentes, quoique atteints du même mal.

En visitant l'établissement de M. Bourrel, nous avons vu deux chiens d'un caractère bien opposé : l'un, méchant et querelleur en temps ordinaire, se montrait à nous menaçant et furieux; l'autre, au contraire, d'une nature douce, avait une mélancolie affectueuse : il nous aurait caressés à travers ses grilles, si nous n'eussions été prévenus du danger.

Il y a donc une variété infinie de symptômes particuliers à la rage ; et de même que sur 20 aliénés il y a 20 manifestations différentes, de même dans le cas qui nous occupe, cette maladie a 20 manières de se manifester à nous.

Nous pouvons établir cependant deux grandes catégories de malades: les calmes et les furieux.

Les premiers sont en plus grand nombre. Ils ont le regard doux, mais vague et triste. Ceux-là, ils succombent sans bruit.

Les autres sont plus dangereux, parce qu'ils sont agressifs et ont des moments de fureur. Dans les crises qu'ils prennent, ils ont une grande disposition à mordre. Mais les uns et les autres s'affaissent bientôt aux symptômes de la paralysie qui les gagne et dont les effets portent successivement, après les avoir troublés, sur les organes des sens, sur les organes de la digestion et sur la locomotion.

La rage, une fois confirmée, ne dure pas plus de huit à dix jours et se termine toujours par la mort.

Il est important de le faire remarquer, car un chien suspect, s'il dépasse ce laps de temps, peut être rendu sans crainte à la liberté; et les personnes qu'il aurait mordues peuvent être sans inquiétude, car s'il n'est pas mort, c'est qu'il n'était pas enragé.

Il est consolant pour nous encore de savoir que l'inoculation de la rage ne réussit pas chaque fois que l'animal mord, et que par conséquent bien des gens mordus restent indemnes. Les poils chez les animaux et les vêtements chez l'homme interceptent ou essuient la salive au moment où la dent les traverse, et empêchent ainsi son contact avec la plaie. Cette circonstance favorable réduit de beaucoup le nombre des victimes, qui peut être évalué approximativement, eu égard au nombre de morsures, à 20 0/0 pour l'homme et à 60 0/0 pour les animaux.

Qoiqu'il en soit de toutes ces chances heureuses, la personne mordue ne doit pas moins se mettre à l'abri de la probabilité fâcheuse qui pèse sur elle.

Bien des remèdes ont été vantés, qui, s'ils agissent sur le moral de quelques déshérités, ne sont que plus perfides par la fausse sécurité qu'ils donnent.

Aucun jusqu'à présent, qu'on le sache bien, ne mérite une confiance quelconque, du moment que le virus a pénétré dans l'économie. Nous devons donc tout faire pour l'en empêcher.

Par l'inoculation, les choses marchent vite. Les premiers symptômes de l'infection générale se manifestent rapidement par des malaises mal définis. Mais de ce que la rage se déclare de 30 à 40 jours après l'accident et au-delà, il n'en faut pas conclure que, pendant ce temps, on peut encore prévenir les conséquences ultimes. De même que dans l'affection syphilitique, — qui pourtant a son remède spécifique, — on ne peut prévenir les symptômes constitutionnels en cautérisant l'induration du chancre; de même, une cautérisation tardive ne peut prévenir les accidents de la rage; car la porte, qui donne accès au poison dans l'économie, s'est refermée sans laisser au remède la possibilité de l'y suivre.

Il ne faut donc pas perdre une minute et intervenir de suite, pour neutraliser *sur place* l'action mortelle de la bave du chien. — Pour cela, il n'y a que la cautérisation.

La cautérisation doit être faite de suite; souvent, cinq minutes après, c'est trop tard.

De tous les moyens, le fer rouge est

celui dont l'action est le plus efficace, et peut-être le moins douloureux, quoique plus effrayant ; mais comme il faut du temps pour le préparer, il importe, pendant qu'on l'apprête, de toucher la plaie avec le premier caustique qu'on a à sa disposition : pierre infernale, acide azotique, beurre d'antimoine, ammoniaque... tout est bon ; la rapidité étant la première condition de succès.

Avant d'employer le fer ou le caustique, il faut faire saigner la plaie en pressant son voisinage, et la laver à grande eau autant que possible. Ces précautions, qui sont élémentaires sur toutes les plaies où l'on craint de voir déposer quelque principe de mauvaise nature, ont ici une importance capitale, car on peut au moins espérer que le virus rabique, suivant le courant donné au sang de la plaie, sera expulsé avec lui, au lieu d'être introduit dans le torrent de la circulation.

Toutes ces mesures de précaution, alors que le mal est fait, sont assez importantes, médicalement parlant, pour que le public, intéressé au premier chef, s'émeuve de cette maladie qui nous frôle dans la rue; — et que l'autorité, qui a charge d'âmes, prenne des dispositions dans le but de la prévenir.

M. Bourrel, que j'ai eu occasion de citer déjà plusieurs fois, a eu l'idée d'émousser les dents pour éviter la propagation du mal. Il a pensé ainsi désarmer le chien, en transformant en couronnes les pointes qu'il présente.

De temps immémorial, les marchands de bestiaux, pour éviter les blessures produites par la brutalité de certains chiens, leur arrachaient les canines. — Ils répondaient ainsi à une brutalité par une autre. Mais il n'est pas nécessaire de les arracher; il suffit qu'elles ne soient pas pointues et ne puissent pénétrer dans la chair. Avec des pinces, notre collègue coupe les canines, et avec une lime il adoucit le rebord des incisives. Les dents, ainsi émoussées, sont inoffensives, — relativement du moins, au point de vue qui nous occupe; — car elles ne coupent plus et ne peuvent que produire une contusion. Avec de pareilles armes, suffisantes dans l'état de domesticité où se trouve le chien, l'inoculation par la morsure se fait difficilement et diminue d'autant les chances de transmission.

Je ne sais ce que ce procédé, en supposant qu'il soit généralisé, produirait en réalité; mais *à priori* l'idée paraît bonne, et le but que s'est proposé l'auteur est d'un ordre trop élevé pour ne pas le conseiller.

L'autorité, elle, n'a pas été si loin : « Puisque le chien donne la rage en mordant; il faut l'empêcher de mordre... » et elle a prescrit une muselière à tous les chiens. Et comme il faut une pénalité à quiconque ne lui obéit pas, elle fait jeter du poison sur la voie publique. Elle punit ainsi de la peine de mort tout chien qui transgresse.sa volonté.

Mais cette muselière, à laquelle les municipalités paraissent tant tenir, n'est-elle pas illusoire? Elle ne prévient aucun des accidents qu'elles veulent empêcher, car la rage, qui est la maladie visée dans tous les arrêtés qui concernent les chiens, déjoue cette prévoyance. Et pour nous en convaincre, voyons comment les choses se passent.

Un chien enragé commence à devenir triste, inquiet : — puis il perd l'appétit, et refuse la nourriture, — comme tout animal malade. Il se blottit dans un coin où il se fait oublier jusqu'au jour où il s'échappe.

Le plus habituellement, son départ est ignoré ; et c'est dans cette période de pérégrination sans but, qu'il mord les autres animaux sur son passage.

Au bout de peu de jours, s'il n'a pas été tué en route, il meurt dans quelque fossé, où l'épuisement des forces et les progrès de la maladie l'ont obligé de se réfugier.

Jamais, comme on voit, ces chiens n'ont et ne peuvent avoir de muselière.

Pour que la muselière ait un effet utile, il faudrait que le chien la portât dans le domicile même ; car on ne peut jamais répondre de ses sorties, pas plus que des morsures à l'intérieur.

Comme première conclusion, nous sommes donc amenés à dire que les chiens atteints de rage ne sont jamais dans des conditions inoffensives.

Se basant peut être sur ce fait, les municipalités ont imaginé de jeter du poison sur la voie publique. Mais ont-elles réfléchi encore que la rage est une maladie, — et que l'animal malade ne mange pas, et qu'il cherche encore moins sa nourriture? Ont-elles constaté que cette boulette n'était jamais mangée que par des animaux sains,

— et ont-elles pensé qu'elle pouvait être ramassée par des enfants, sur les promenades, où on les laisse à terre s'amuser avec des brindilles et tout ce qu'ils rencontrent.

La disposition instinctive qu'ont tous les enfants de porter à la bouche ce qu'ils tiennent à la main, rend cet usage bien grave; et si rare que soit l'accident auquel je fais allusion, la possibilité seule de le voir se produire, devrait, à défaut de toute autre raison, y faire renoncer.

La muselière est donc un moyen qui manque son but; — et le poison encore plus, puisqu'il n'est pas mangé par celui à qui il est destiné.

Le poison jeté sur la voie publique est une chose mauvaise encore, au point de vue moral, par le spectacle hideux qu'il donne.

Le chien qui a absorbé la boulette empoisonnée, est en proie à des convulsions que je n'ai pas besoin de décrire ici. Etendu au milieu de la rue, il attire et retient autour de lui un cercle de curieux qui se repaissent de tous les détails de cette mort affreuse amenée par la strychnine.

Elle habitue tous ces amateurs d'émotion à la vue du mal et leur endurcit le cœur à la souffrance.

Est-ce à dire qu'il faille laisser toute liberté aux chiens? Non, car nous avons vu que la rage peut survenir spontanément chez eux, et quels que soient les soins qu'on ait dans la surveillance, leur humeur batailleuse souvent les expose à des morsures qui restent ignorées de leur maître. Mais un règlement de police peut leur imposer un collier, où seraient écrits le nom et l'adresse du maître et le numéro de leur inscription sur le registre de la commune. Ce serait un contrôle pour la déclaration que la loi rend obligatoire, en même temps qu'il forcerait le propriétaire à une surveillance où sa responsabilité est toujours engagée (1).

(1) Depuis cette communication, une circulaire ministérielle à tous les préfets confirme les idées que nous venons d'émettre. En voici la teneur :

« Vu les lois des 16-24 août 1790 et 18 juillet 1837;

L'intérêt est un mobile trop puissant pour douter que si la moindre morsure donnait lieu à une indemnité proportionnelle, elle ne provoquât des précautions spontanées et efficaces.

« Vu les articles 319, 320, 459 et suivants, 475 § 7, 479 § 2 et 471 § 15 du Code pénal;

« Vu les instructions de M. le Ministre de l'agriculture et du commerce en date du 19 juillet 1878;

« Considérant que des accidents déplorables sont trop souvent causés par la morsure des chiens enragés;

« Que le défaut de surveillance de la part des propriétaires de chiens et la divagation de ces animaux sont les causes les plus actives de la propagation de la rage;

« Considérant, en outre, la nécessité de s'assurer que les chiens circulant sur la voie publique ont un maître connu et de fournir soit à l'autorité, soit aux personnes qui seraient victimes d'accidents, les moyens d'intenter les actions pénales ou civiles.

« Arrête :

« Article 1er.— Tout chien circulant sur la voie publique en liberté ou même tenu en laisse doit être muni d'un collier portant, gravé sur une plaque de métal, le nom et le domicile de son prorietaire.

« Art. 2. — Les chiens trouvés sans collier sur la voie publique, les chiens errants avec ou sans collier, dont le propriétaire est inconnu dans la

— Et si cette morsure, suivie de rage, entraînait des peines équivalentes à celles de l'homicide involontaire, qui le trouverait injuste? puisque la mort s'en suit.

---

localité, seront saisis et abattus sans délai; dans aucun cas ils ne peuvent être vendus.

« Art. 3. — Sont exceptés des dispositions contenues dans les articles précédents les chiens courants en action de chasse; mais ils doivent porter la marque du propriétaire.

« Art. 4. — Seront immédiatement abattus les chiens et les chats enragés et les animaux des mêmes espèces qui ont été mordus par des animaux enragés ou qui sont soupçonnés de l'avoir été.

« Art. 5. — Les infractions aux dispositions du présent arrêté seront constatées par des procès-verbaux et déférés aux tribunaux compétents.

« Art. 6. — MM. les maires, commandants de la gendarmerie et commissaires de police, les gardes champêtres et forestiers, sont chargés de l'exécution du présent arrêté, qui sera publié et affiché dans chaque commune.

« Fait à, etc. »

Nous venons de voir, en outre, à la date du 10 août, que sur un avis du ministre du commerce, le préfet de police, à Paris, a fait afficher que l'obligation de la muselière pour les chiens était supprimée.

Dans le cas contraire, tout chien en ville comme à la campagne, dépourvu de collier et d'inscription matriculaire, serait pris et mis en fourrière. Il y serait gardé huit jours avant d'être abattu ou vendu, et son maître passible d'une amende, ne pourrait le retirer sans subir toutes les conséquences de son incurie.

Lyon. — Imp. du Salut Public. — Bellon, r. de Lyon, 33.

www.ingramcontent.com/pod-product-compliance
Lightning Source LLC
LaVergne TN
LVHW050227180726
843501LV00013BA/3218

* 9 7 8 2 3 2 9 3 4 5 4 1 3 *